BEI GRIN MACHT SICH IHR WISSEN BEZAHLT

- Wir veröffentlichen Ihre Hausarbeit,
  Bachelor- und Masterarbeit

- Ihr eigenes eBook und Buch -
  weltweit in allen wichtigen Shops

- Verdienen Sie an jedem Verkauf

Jetzt bei www.GRIN.com hochladen und kostenlos publizieren

Bibliografische Information der Deutschen Nationalbibliothek:

Die Deutsche Bibliothek verzeichnet diese Publikation in der Deutschen National-
bibliografie; detaillierte bibliografische Daten sind im Internet über http://dnb.d-
nb.de/ abrufbar.

Impressum:

Copyright © 1997 GRIN Verlag, Open Publishing GmbH
Druck und Bindung: Books on Demand GmbH, Norderstedt Germany
ISBN: 9783638826624

Dieses Buch bei GRIN:

http://www.grin.com/de/e-book/6465/die-venezolanischen-regenwaelder

Stefan Gärtner

Die venezolanischen Regenwälder

GRIN Verlag

GRIN - Your knowledge has value

Der GRIN Verlag publiziert seit 1998 wissenschaftliche Arbeiten von Studenten, Hochschullehrern und anderen Akademikern als eBook und gedrucktes Buch. Die Verlagswebsite www.grin.com ist die ideale Plattform zur Veröffentlichung von Hausarbeiten, Abschlussarbeiten, wissenschaftlichen Aufsätzen, Dissertationen und Fachbüchern.

Besuchen Sie uns im Internet:

http://www.grin.com/

http://www.facebook.com/grincom

http://www.twitter.com/grin_com

Die venezolanischen Regenwälder

von

Stefan Gärtner

Universität zu Köln
Geographisches Institut

Die venezolanischen Regenwälder

Oberseminar: Venezuela

Referent:

Stefan Gärtner

Inhaltsverzeichnis

1. Einleitung

Venezuela wird dem neotropischen Florenreich (Neotropis) zugeordnet. Die Neotropis umfaßt die Tropen und Teile der Subtropen der Neuen Welt und bezieht somit den größten Teil des südamerikanischen Kontinents mit ein. 40% aller Pflanzengattungen, die in den Tropen vorkommen, beschränken sich auf die Neue Welt. Eine Vielzahl der heutigen Kulturpflanzen, u.a. Ananas (Ananas sativus), Mais (Zea mays), Kürbis (Cucurbita moschata), Kartoffel (Solanaceae) und Kakao (Theobroma cacao) stammen aus der Neotropis (KLINK 1996, S. 43-44).

Der tropische Regenwald ist die zonale Vegetation der immerfeuchten Tropen. Unter diesem Vegetationstyp wird im allgemeinen ein gleichförmig strukturiertes, undurchdringliches Dickicht verstanden, das von vielzähligen mäandrierenden Flüssen durchzogen wird. Das diese Ansicht nicht richtig ist, läßt sich sehr gut am Beispiel der venezolanischen Regenwälder darstellen. Die Artenzusammensetzung tropischer Regenwälder allgemein und somit auch die der venezolanischen wird durch die unterschiedlichsten Umwelteinflüsse wie z.B. Klima, Relief, Böden und Ausgangsgestein beeinflußt, so daß sich in diesem Vegetationstyp verschiedenste Waldformationen ausbilden. Das Klima übt einen direkten Einfluß auf die Vegetation und die Böden aus. Die Böden werden unter anderem vom Ausgangsgestein geprägt und dienen der Vegetation als Grundlage.

Der Standort für tropische Regenwälder wird durch die Gesamtheit der einwirkenden Umweltfaktoren bestimmt, die vielfältige Regenwaldformationen entstehen lassen.

Tropische Regenwälder sind die üppigsten aller Pflanzengemeinschaften. Es handelt sich um immergrüne Wälder mit Wuchshöhen von mehr als 45m, die sich vor allem durch die große Anzahl der darin wachsenden Baumarten auszeichnen.

2. Klima

Die Grundvoraussetzung für die Ausbildung eines tropischen Regenwaldes bildet das Klima. Das für die tropischen Regenwälder typische Klima ist gekennzeichnet durch eine einzigartige Gleichförmigkeit im Jahresablauf, d.h. die tropischen Regenwälder liegen im Bereich der immerfeuchten Tropen, welche durch ein Tageszeitenklima markiert sind. Ungefähr 12 Stunden positive Strahlungsbilanz täglich, mit einem

Monatsmittel von etwa 27°C, aber einer Tagestemperaturschwankung von ca. 6-11°C. Die Monatsmittel der Temperatur schwanken hier um ca. 1°C, der Jahresniederschlag beträgt 3521mm, wobei in den regenreichsten Monaten April bis August ca. 300mm und in den niederschlagsärmeren Monaten ca. 200mm Niederschlag fallen (BRECKLE/WALTER 1991, S 202). Betrachtet man nun den Tagesgang der Klimafaktoren, so sind die Schwankungen viel größer. An sonnigen Tagen kann die Temperatur von ca. 22°C um 6h bis auf ca. 31,5°C um 14h ansteigen. Dies entspricht einer Tagestemperaturamplitude von 9,5°C.

Durch die Tagestemperaturschwankungen ändern sich auch die Werte für die relative Luftfeuchtigkeit. Sie liegen zwischen 65% und 100% (JORDAN 1989, S. 7). 90% Luftfeuchtigkeit wird nur an regnerischen Tagen oder in der Nacht nicht unterschritten. In Regenwaldklimaten liegt der Jahresniederschlag zwischen 2000-3000mm, wobei die Temperatur in keinem Monat unter 18°C sinkt. Die Regengüsse fallen als Zenitalregen mit dem wandernden Sonnenhöchststand, so daß sich zwei jahreszeitliche Regenspitzen ergeben. In Zusammenhang mit konvektiven Vorgängen im Einflußbereich der ITC fallen die Niederschläge überwiegend nachmittags.

Durch die gleichbleibenden hohen Temperaturen und Niederschläge entsteht ein hoher Wasserdampfgehalt der Luft und eine labile Schichtung der Atmosphäre. Dementsprechend hoch ist die Intensität der Regengüsse, die Niederschlagstagessummen von 100mm und mehr entstehen lassen können.

Die diffuse Sonnenstrahlung liegt mit einem Anteil von 40% an der Globalstrahlung am höchsten unter allen Ökozonen, bedingt durch einen hohen Bewölkungsgrad und Wasserdampfgehalt. Der größte Teil der Strahlungseinnahmen dient der Wasserverdunstung, wird also als Verdunstungswärme (latente Wärme) transferiert. Pro Jahr werden 1000 bis maximal 1500mm Wasser verdunstet, also ca. 50% der Jahresniederschläge. Um diesen Anteil verringert sich die Wassermenge, die im Boden versickern könnte und in Form von Grundwasser den Flüssen zufließt. Die außerordentlich hohe Verdunstung mindert also die ohnehin schon große Gefahr der Bodenauswaschung erheblich.

In Venezuela sind die Niederschlagsverteilungen sehr extrem. Bedingt durch orographische Hindernisse entstehen Gebiete mit sehr hohen Niederschlägen (Windstau) und Gebiete, die extrem trocken sind (Windschatten).

Die Monatstemperatur sinkt bis in eine Höhe von ca. 1500m in keinem Monat unter 18°C.

Tropische Regenwälder wachsen im süd- und südwestlichen Teil Venezuelas und im nördlichen Teil in Lagen, wo vor einem Gebirge der Passat gestaut wird, so daß es zu Regenfällen auch während der sonst trockenen Monate kommt.

3. Böden

Das Klima in den feuchten Tropen Venezuelas fördert durch hohe Temperaturen intensive chemische Verwitterungsprozesse (vornehmlich Hydrolyse), eine hohe Bodendurchfeuchtung und Bodenacidität (Säuregehalt). Die physikalische Verwitterung, die Gestein mechanisch aufbereitet, ist weniger bedeutend. Die intensive chemische Verwitterung hat in den Tropen Venezuelas an vielen Orten tiefgründige Böden entstehen lassen, unter denen mächtige Gesteinszersatzzonen folgen und oft erst in mehreren Metern Tiefe das noch nicht verwitterte Gestein erreicht wird. Außerdem führt die chemische Verwitterung dazu, daß in den oberen Bodenhorizonten fast keine Restminerale des Ausgangsgesteins vorhanden sind. Nur an Stellen wo Ausgangsgestein wenige Meter unter der Bodenoberfläche ansteht, oder Flüsse in kürzeren Zeitabschnitten junges, nährstoffreiches Ausgangsgestein sedimentierten, findet eine Mineralstoffzufuhr für die Bodenschicht statt.

Der für die feuchten Tropen und für Regenwaldstandorte in Venezuela charakteristische Bodentyp ist der Ferralsol (MÜLLER-HOHENSTEIN 1981, S.59). Ferralsole bilden sich über lange Zeiträume (zumeist zurückreichend bis ins Tertiär) bei feuchtwarmen Bedingungen unter Wald aus verschiedenen Gesteinen. Die Farbe ist hellgelb bis tiefrot und das Material das Ergebnis extremer Verwitterung. Verantwortlich für die Rotfärbung tropischer Böden ist das Hämatit, das bei der Oxidation des Eisens entsteht.

Die mineralischen Strukturen der Tonfraktion weisen vorwiegend Zweischicht (1:1-)Tonminerale wie Kaolinit und Gibbsit auf (BREMER 1989, S. 51). Das Ausmaß der Oxidbildung

(freie, feinverteilte bis ultrafeine Oxide und Hydroxide von Fe, Al = Sesquioxide) ist in den Tropen sehr hoch. Die Intensität und Dauer feuchtheißer Bedingungen bestimmt die Oxidbildung, die ihren Höhepunkt in der Desilifizierung findet.

Desilifizierung ist die Mobilisierung und Wegführung von Silicium (Kieselsäure), das bei der Verwitterung freigesetzt wird. Dieser Prozeß ist besonders intensiv, wenn die Bodenreaktion stark sauer ist.

Die Zusammensetzung der Tonfraktion bestimmt die Bodenfruchtbarkeit. Da viele tropische Böden ausschließlich sorptionsschwache Zweischicht (1:1-)Tonminerale und Sesquioxide enthalten, ist ihre Kationenaustauschkapazität und damit ihre Fähigkeit, pflanzenverfügbare Nährstoffe bereitzustellen, sehr gering. Verwitterbare Silikate sind in vielen dieser Böden nicht oder kaum vorhanden. Die Nachlieferung von mineralischen Nährstoffen erfolgt im extremsten Fall fast vollständig durch die Zersetzung pflanzlicher Abfälle. In so einem Fall konzentrieren sich die Nährstoffe zum größten Teil auf die oberste Bodenschicht.

Im folgenden werden die Merkmale, die das Ergebnis extremer Verwitterung sind, am Beispiel eines Ferralsol B-Horizontes dargestellt:

- Mindestmächtigkeit liegt nach der Definition bei 30cm, außerordentlich tiefgründige Entwicklung: 20-50m;
- Tonverlagerung fehlt, Profil in ganzer Tiefe nach Farbe und Textur sehr uniform;
- verwitterbare Silikate nur noch in Spuren erhalten;
- Textur ist sandig-lehmig oder feinkörniger, min. 8% Tongehalt an der Feinerdefraktion;
- Tonfraktion besteht so gut wie ganz aus Kaolinit, Eisen- und Aluminiumoxiden/hydroxiden;
- Sand und Schluff werden im wesentlichen von Quarz eingenommen, hoher Schluffgehalt ist atypisch;
- Kationenaustauschkapazität des Mineralbodens ist niedrig bis extrem niedrig (KAK_{pot} <16cmol (+)kg $^{-1}$ Ton, KAK_{eff} <12cmol (+)kg $^{-1}$ Ton);
- die Basensättigung ist gering und die Bodenreaktion entsprechend sauer bis stark sauer. (BRECKLE/WALTER 1984, S. 13-18)

4. Verbreitung der venezolanischen Regenwälder

Der tropische Regenwald Venezuelas ist in seinem gesamten Verbreitungsgebiet weder floristisch noch in seiner Struktur nach einheitlich. Dies wurde auch schon in der Einleitung angedeutet. Seine verschiedenartigsten Ausbildungen werden am Beispiel der venezolanischen Regenwälder besonders deutlich.

Die große Üppigkeit dieses Waldtypes ist so kompliziert aufgebaut, artenreich und schwer zu erforschen, daß man bis heute kaum in der Lage ist, einzelne Regenwaldtypen klar herauszustellen (BRECKLE/WALTER 1984, S.18-25).

Die Darstellung der Verbreitung des Regenwaldes in Venezuela nach der Ansicht verschiedener Autoren verdeutlicht die Schwierigkeiten bei der genauen Definition des Begriffes Regenwald, da jeder Autor diesen Begriff anders definiert. Darf man nur den typischen, hochstämmigen und über das ganze Jahr mit gleichmäßig hohen Niederschlägen versorgten Wald als Regenwald bezeichnen, oder ist z.b. auch der einer kurzen Trockenzeit ausgesetzte mit einem jahreszeitlichen Rhythmus hinsichtlich der Blütezeit und des Laubwechsels ausgestattete Wald ein Regenwald?

Geht man von der Vegetation selbst aus, so ist nach Ansicht vieler Autoren der echte tropische Regenwald nicht an eine Jahreszeit gebunden, d.h. Wachstum, Laubausschlag, Laubfall, Keimung, Blüh- und Fruchtzeit erfolgen nach individuellen Rhythmen (VARESCHI 1980, S.153 und BRECKLE/WALTER 1991, S.211).

Daraus erklärt sich auch die Verteilung der venezolanischen Regenwälder nach Hueck, Holdridge und Vareschi aus Abb.5. Ihrer Ansicht nach gibt es in Venezuela diesen typischen unberührten immergrünen Regenwald ohne jahreszeitlichen Rhythmus nicht. Z.B. die Wälder des Berglandes von Guayana werden in einzelnen Jahren immer von einer ausgeprägten Dürrezeit beeinflußt, die eine schwache und/oder wechselnde Jahresperiodizität der Lebenserscheinungen bedingt. Man spricht in diesem Fall von „Saison-Regenwäldern" (WALTER/BRECKLE 1991, S.211).

Auf den ersten Blick sieht dieser Wald wie ein typischer Regenwald aus. Durch die Wuchshöhe, die 20m nicht überschreitet, und die schwache und/oder wechselnde Tendenz zu jahreszeitlichen Reaktionen weist sich dieser Regenwald aber als Saison-Regenwald aus (VARESCHI 1980, S. 153-159).

Auch die Wälder im Süden Venezuelas im Gebiet der Station San Carlos de Rió Negro kann man nicht als immergrüne Regenwälder bezeichnen. Die Station weist zwar das typische Klimadiagramm eines tropischen Regenwaldes auf, San Carlos de Rió Negro befindet sich aber, wie der Name besagt, im Gebiet der Schwarzwasserflüsse. Diese Flüsse werden durch Humuskolloide dunkelbraun gefärbt und sind extrem nährstoffarm.

Die Wälder dieser Region wachsen auf gebleichten, nassen, nährstoffarmen Sandböden (pH-Wert von 3,8 bis 4,5), auf denen kein typischer immergrüner Regenwald wachsen kann (BRECKLE/WALTER 1991, S.211).

Die einzelnen von K. Hueck ausgewiesenen venezolanischen Regenwälder werden nach der Region benannt, in der sie wachsen. Dies ermöglicht dem Autor eine genaue Beschreibung der Regenwaldtypen. Aus diesen Beschreibungen geht hervor, daß die von ihm genannten Regenwälder in Venezuela alle nicht zu den ohne jahreszeitlichen Rhythmus aufweisenden typischen Regenwäldern gehören.

5. Produzenten

Alle tropischen Regenwälder sind, trotz vieler Unterschiede im einzelnen, durch eine große Zahl übereinstimmender Strukturmerkmale gekennzeichnet. Zu diesen Merkmalen gehören (u.a. nach HUECK 1966, RICHARDS 1996, VARESCHI 1980, BRECKLE/WALTER 1984, WHITMORE 1993):

70% aller Arten gehören oftmals zur Lebensform der Bäume (HOHENSTEIN 1981). Fast alle von ihnen sind immergrün und zeigen, wie auch die krautigen Pflanzen, eine auffällige Anpassung an die ständig hohe Feuchte, d.h. sie gehören zu den sog. Hygrophyten. Die Kronenbäume der obersten Waldschicht und auch viele Epiphyten sind eher als Mesophyten zu bezeichnen.

Die tropischen Regenwälder liegen gemessen an Höhe und Dichte an der Spitze aller Pflanzenformationen. Die oberirdische Phytomasse pro Fläche ist größer als irgendwo sonst. Auf einem Hektar findet man einige 100 Bäume.

In der Regel erreicht die Höhe des Kronendaches 30-40m. Einzelne Baumkronen ragen häufig darüber hinaus (50-60m). Seltener werden auch Baumkronenhöhen von bis zu 80m erreicht. Die Oberfläche des Kronendaches gestaltet sich so auffallend ungleichmäßig.

Unter dem obersten Kronendach folgt ein dichter Unterwuchs, bestehend aus weniger hohen Bäumen, deren Kronen sich in bestimmten Höhenbereichen anordnen. Man kann so etwa 3-5 einzelne Waldstockwerke unterscheiden.

In jedem dieser Stockwerke findet ein sprunghafter Lichtabfall gegenüber dem darüberliegenden statt. Es entstehen dadurch sowohl für die Pflanzen als auch für die Tiere deutlich andere Lebensverhältnisse. Besonders für die Pflanzen ist der Anteil an photosynthetisch wirksamer Strahlung bedeutend. Dieser Anteil nimmt nach unten hin ab. Nur ca. 0,1-0,5% der auf das Kronendach treffenden Sonnenstrahlung dringen im extremsten Fall bis zum Waldboden vor. Eine Krautschicht kann sich unter diesen Umständen nur kaum oder gar nicht ausbilden. Man findet also in einem tropischen Regenwald kein undurchdringliches „Dickicht" am Waldboden vor. Die Krautschicht kann allerdings dort stärker vertreten sein, wo Bäume umgestürzt sind und vorübergehend mehr Sonnenstrahlung bis auf den Waldboden vordringt. Diese kurze Chance nutzen auch viele Baumkeimlinge. Tritt eine solche Situation ein, so hängt das Überleben der Jungpflanzen entscheidend davon ab, wie schnell sie in die Höhe wachsen können, um dadurch stärker als ihre Konkurrenten einen Nutzen aus dem Lichteinfall zu ziehen. Viele Arten haben daher die Fähigkeit zu einem raschen Streckungswachstum entwickelt. Erreicht wird dieses durch eine reichliche Wassereinlagerung in die Zellvakuolen, die die zunächst kleinen Zellen auf mehr als das 100fache ihrer ursprünglichen Größe strecken können. Stoffaufwendigere Stützgewebe werden erst später ausgebildet.

Als eine Folge der Strahlungsabschwächung im Waldesinneren ergeben sich für die einzelnen Schichten abweichende Lufttemperaturen und -feuchten.

Im Kronendachbereich kann die Lufttemperatur tagsüber 10-12°C höher liegen als nachts und die relative Luftfeuchte dann auf etwa 30-40% absinken. Dabei können beträchtliche Sättigungsdefizite entstehen. In den tieferen Stockwerken verringern sich die Tagesschwankungen und sind am Boden kaum noch bemerkbar. Am Waldboden beträgt die Lufttemperatur ca. 25-27°C und die relative Luftfeuchte 90-100%. Die im ersten Kapitel beschriebene Gleichförmigkeit des Klimas in den Tropen gilt demnach nur für das Waldesinnere und in Waldbodennähe. Im Bereich des Kronendaches treten durchaus bedeutsame tages- und jahreszeitliche Abweichungen auf.

Auch die Luftbewegungen sind vom Kronendach bis zum Waldboden unterschiedlich stark verteilt. Heftige Luftmassenbewegungen dringen nur abgebremst in das Waldesinnere vor. Die bodennahe Luftschicht wird dadurch kaum ausgetauscht. Das bei Zersetzungsvorgängen innerhalb der Bodenstreu entstehende Kohlendioxid (Bodenatmung) kann sich erheblich anreichern. Der CO2-Gehalt steigt maximal auf das Doppelte der für die freie Atmosphäre gültigen Werte (BRECKLE/WALTER 1984, S. 8-10).

Die Artenvielfalt (Zahl der Arten pro Fläche) in tropischen Regenwäldern ist sehr hoch. Pro Hektar können Baumartenzahlen von über 100 erreicht werden. Das diese Baumartenzahlen sehr hoch sind zeigt der Vergleich mit ganz Europa nördlich der Alpen und westlich des Urals, wo nur etwa 50 Baumarten heimisch sind. In Nordamerika sind es 171 Baumarten (WHITMORE 1993, S.45).

Viele große Bäume bilden schlanke bis säulenförmige Stämme, die sich abgesehen von den häufig durch Brettwurzeln verbreiterten basalen Stammabschnitten nach oben hin kaum verjüngen und erst in großer Höhe verzweigen. Ihre Rinde ist glatt, dünn und hell, eine Borkenbildung fehlt zumeist. Jahresringe sind nicht oder nur sehr undeutlich ausgebildet. Die unterirdischen Wurzelsysteme sind meist flach ausstreichend, was für eine Nährstoffaufnahme in tropischen Böden optimal ist. Die Standfestigkeit wird durch Brettwurzeln gewährleistet. Zusätzlich bilden viele Baumarten Luftwurzeln aus, um die Atmung zu unterstützen. Dies ist notwendig, da die Wurzelatmung im Boden durch häufige Staunässe, hohen Sauerstoffverbrauch der Destruenten und geringen Luftaustausch im Stammraum erschwert ist.

Die Blätter haben im Kronenbereich meist kleinere, lorbeerähnliche Formen mit Einrichtungen zum Transpirationsschutz (xeromorphe Sonnenblätter), da sie täglich über mehrere Stunden der direkten Sonnenstrahlung ausgesetzt sind. Die Blätter im Waldesinneren sind dagegen weicher, größer und dunkler grün (hygromorphe Schattenblätter). Die größeren Blattflächen begünstigen die Photosynthese im Dämmerlicht (BRECKLE/WALTER 1984, S. 26). Die unterschiedliche Größe der Blätter verdeutlicht die mikroklimatischen Unterschiede zwischen dem Kronendach und der Strauchschicht im Inneren des Waldes.

Viele Blätter bilden an ihrer Spitze eine Träufelspitze aus. Ob diesen eine ökologische Bedeutung im Sinne der besseren Ableitung von Wasser zukommt und damit dem Blatt eine schnellere Austrocknung der Oberfläche ermöglicht, ist umstritten. Gerade in den feuchtesten Regenwaldgebieten ist eine Abnahme von Blättern mit Träufelspitze zu beobachten. Merkwürdigerweise sind diese in den Saison-Regenwäldern Venezuelas stark vertreten. Tatsache ist, daß die Träufelspitzen tatsächlich die Wasserableitung unterstützen und dadurch unter anderem als Schutz gegen Epiphyllen einen Selektionswert haben können (VARESCHI 1980, S. 85-87).

Weit verbreitet ist bei vielen Baumarten die Laubausschüttung. Die Sproßtriebe werden dabei so rasch ausgetrieben, daß eine Bildung von Stützgewebe und Chlorophyll mit dem schnellen Längenwachstum nicht mithalten kann. Diese „ausgeschütteten" Triebe erscheinen dann zunächst als weißliche oder rötliche Hängesprosse (Schüttellaub).

Auch die Erscheinung der Kauliflorie (Stammblütigkeit) ist typisch für die tropischen Regenwälder. Dabei entstehen Blüten und Früchte an blattlosen, verholzten Stämmen. Die Früchte enthalten große Samen, um den Keimling ausreichend mit Nährstoffen zu versorgen, so daß ein Wachstum der Jungpflanze im tiefen Schatten am Boden gewährleistet ist. Als ein Beispiel dient der Kakaobaum (*Theobroma cacao*).

Die Lianen und Epiphyten sind nach den Bäumen eine weitere weitverbreitete Lebensform im tropischen Regenwald.

90% aller Lianen (kletternde Phanerophyten) sind im tropischen Regenwald beheimatet. Der große Vorteil von Lianen gegenüber anderen Lebensformen liegt darin, daß sie mit relativ geringem Stoffaufwand große Höhen erreichen können, da sie sich auf andere Pflanzen stützen. Man unterscheidet mehrere Typen von Lianen nach der Art des Festhaltens an der Stützpflanze.

Es gibt windende und rankende Lianen, Spreizklimmer, die sich durch Stacheln, Dornen oder Haken festhalten, und Wurzelkletterer, die sich mit ihren Wurzeln an der Rinde des Baumstammes befestigen. Nach ihrer Lebensweise kann man zwei Typen von Lianen unterscheiden: Photophyten (Lichtpflanzen) und Skiophyten (Schattenpflanzen). Erstere wachsen bevorzugt auf Waldlichtungen. Sie gehören zu den Lianen mit verholzten Achsenorganen. Leicht erreichen sie die Kronen der noch niedrigen Vorhölzer, um dann mit diesen in die Höhe des Kronendaches zu wachsen. Der Holzkörper muß daher biegsam bleiben, was durch ein spezielles Dickenwachstum erreicht wird. Die skiophylen Lianen wachsen im schattigen Bereich an den Stämmen von alten Bäumen empor. Zu ihnen gehören zumeist die krautigen Arten, die Wurzelkletterer sind. Lianen beteiligen sich maßgeblich am Aufbau des Kronendaches in der mittleren und unteren Baumschicht. Dadurch verringern sie die Lichtintensität am Boden.

Die Epiphyten leben auf anderen Pflanzen (Trägerpflanzen) und wurzeln nicht wie die Lianen im Boden. Epiphyten (Farne, Orchideen und andere Blütenpflanzen) haben verschiedene Arten der Wassergewinnung bzw. -speicherung entwickelt, z.b. Luftwurzeln, Blattzisternen und Blattrosetten. Einige Epiphyten entwickeln spezielle Einrichtungen, um herabfallende Bestandsabfälle aufzufangen und deren Nährstoffgehalt zu nutzen. An ihren Blattbasen entwickeln sie kleine Humusportionen, in die ihre Wurzeln eindringen, um Nährstoffe für die Pflanze zu gewinnen.

Die auf Blättern haftenden Epiphyten bezeichnet man als Epiphylle (Flechten, Algen und Moose).

Eine Übergangsgruppe nehmen die Hemi-Epiphyten ein. Sie können wie die Lianen ihren Lebensanfang am Boden beginnen, um später den Kontakt zu diesem durch Absterben ihres Stammes zu verlieren. Eine umgekehrte Entwicklung beobachtet man aber auch bei Epiphyten, die eine Verbindung durch Luftwurzeln mit dem Boden herstellen, und so zu Hemi-Epiphyten werden. Die Versorgung mit Wasser und Nährstoffen aus dem Boden ist somit gewährleistet. Die merkwürdigsten Hemi-Epiphyten sind die Würger (Baumwürger).

Sie keimen als Epiphyten auf einem beliebigen Baum und bilden ein Wurzeltau, das nach unten zum Boden hin wächst. Erreicht die Wurzel den Boden, erstarkt diese Pflanze. Die Krone entwickelt sich üppig, das Wurzelsystem um den Stamm des Trägerbaumes verdickt sich und hindert diesen mechanisch am Dickenwachstum, so daß dieser abstirbt. Aus dem Wurzelsystem hat sich inzwischen ein Stamm gebildet, und ein normaler Baum ist enstanden.

Die Phytomasse (Menge lebender pflanzlicher organischer Substanz in einer Raumeinheit) tropischer Regenwälder liegt nach Schätzungen und Messungen bei etwa 500 t ha $^{-1}$. Der größte Teil der Phytomasse ist oberirdisch und kommt dort zu über 90% in Form von Holz lebender Bäume vor. Auf die Blattmasse der Bäume entfallen nur ca. 2-3%.

Die Primärproduktion tropischer Regenwälder ist nur schwer zu bestimmen, da man den Holzwachs aufgrund fehlender oder nur undeutlicher Jahresringe nicht direkt messen kann. Die Maximalwerte dürften aber bei über 30 t ha $^{-1}$ a $^{-1}$ liegen (BRECKLE/WALTER 1984, S.60).

6. Konsumenten

Viele Tiere des tropischen Regenwaldes sind kaum zu sehen oder zu hören, da die Pflanzenmasse alle Geräusche verschluckt. Der Wald wirkt daher fast wie unbewohnt. Tatsache ist aber, daß die Regenwaldfauna eine der artenreichsten der Erde ist.

Die meisten Tierarten leben in den höheren Waldstockwerken, da sie hier im Gegensatz zum Bodenraum mit seiner spärlichen Bodenfauna eine ausreichende Nahrungsgrundlage vorfinden. Am Boden lebende Säugetiere, wie z.b. Tapire, Gürteltiere oder Jaguare sind selten und scheu.

Eine besonders artenreiche Tiergruppe bilden die Reptilien und Amphibien. Diese wechselwarmen (poikilothermen) Tiere werden durch die konstanten feuchtwarmen Bedingungen begünstigt. Viele sonst nur im Wasser vorkommenden Tiere können im tropischen Regenwald auch außerhalb des Wasser leben, z.b. viele Blutegelarten.

Eine große Anzahl von Tieren ist nacht- oder dämmerungsaktiv. Diese nachtaktiven Tiere haben vielfach reduzierte Augen und statt dessen hoch entwickelte chemische Sinneszellen oder andere Orientierungshilfen (z.b. Fledermäuse, Geckos, Baumfrösche).

Ähnlich wie viele krautige Pflanzen als Epiphyten in höhere Waldstockwerke vordringen, verlegen auch viele Tierarten ihre Lebensräume dorthin. Dem Stockwerkaufbau des Waldes entspricht daher auch eine Stratifikation der Fauna.

Zu den in den diversen Kronenschichten lebenden Tieren gehören u.a. Termiten, Ameisen, Wespen, Käfer, Spinnen, Schmetterlinge, Schlangen, Vögel und zahlreiche Säugerarten. Bestimmte Tiergruppen sind für viele Pflanzenarten wichtige Bestäuber, z.B. Fledermäuse für viele kauliflore Pflanzen. Die Tiere tragen aber auch zur Verbreitung der Samen bei, wie z.B. der Flughund die Früchte vieler kaulikarper Bäume (BRECKLE/WALTER 1984, S. 52-55, MÜLLER-HOHENSTEIN 1981, S. 66-69 u. WHITMORE 1993, S. 78-104).

7. Destruenten

„Die Aufgabe der Destruenten ist es, den gesamten Abfall des Ökosystems zu mineralisieren, so daß die Nährstoffelemente erneut in den Kreislauf gelangen können" (BRECKLE/WALTER 1984, S.55).

Eingehende Untersuchungen zum Artenbestand der Destruenten im tropischen Regenwald liegen bisher noch nicht vor. Die Pilze scheinen aber aufgrund der sauren Reaktion des Bodens und der großen Nährstoffarmut zu überwiegen.

8. Streufall und Streuzersetzung

Der Streufall in tropischen Regenwäldern verteilt sich gleichmäßig über das ganze Jahr. Im längerfristigen Mittel liegt der Streuanfall in Höhe der oberirdischen Nettoprimärproduktion, da Verluste durch Tierfraß unbedeutend sind. Es fallen Mengen von ca. 10,9 t ha $^{-1}$ a $^{-1}$ an. Der Blattfall ist daran mit etwa 7 t ha $^{-1}$ a $^{-1}$ beteiligt. Obwohl diese Menge beachtlich ist, fehlt in der Regel eine den Waldboden geschlossen bedeckende Streuschicht. Ein Grund dafür besteht darin, daß die Abfälle der oberen Waldstockwerke auf den darunterliegenden Stockwerken hängen bleiben und dort Epiphyten zur Verfügung stehen. Der wichtigste Grund liegt aber wohl in der raschen Zersetzung der Abfälle am Boden und zwar im Mittel in weniger als einem Jahr (BRECKLE/WALTER 1984, S. 55-61).

Termiten, Blattschneideameisen, Regenwürmer und Pilze sind für den Streuabbau verantwortlich. Aber auch die ständig feucht-warmen Bedingungen im Boden begünstigen die biologisch-chemischen Abbauprozesse erheblich.

So wie bei der Streu sind auch im Boden Pilze die wichtigsten Zersetzer. Diese Pilze leben zumeist in einer Symbiose mit den Wurzeln höherer Pflanzen, die man als Mykorrhiza bezeichnet. Die Pilze dringen dabei in die Rindenzellen der Wurzeln ein (intrazellulares Wachstum). Der Vorteil dieser Symbiose liegt in der vergrößerten Oberfläche der wasser- und nährstoffabsorbierenden Wurzelteile, da die Pilzhyphen die Funktion von Wurzelhaaren übernehmen.

9. Mineralstoffvorräte und -umsätze

Der größte Teil der Mineralstoffe, die im System Regenwald zirkulieren, befindet sich in der Biomasse und nicht im Boden. Charakteristisch für das Regenwaldökosystem ist somit, daß sich die Nährstoffumsätze weitestgehend in einem geschlossenen Kreislauf abspielen. Nur so kann man die üppige Vegetation auf vielen der ausgesprochen nährstoffarmen Böden erklären. Die Fähigkeit, die Auswaschungsverluste zu minimieren, um die Nährstoffbestände zu erhalten, gründet sich im Ökosystem Regenwald auf der außerordentlich dichten Durchwurzelung des Oberbodens (Wurzelmatten in Verbindung mit Mykorrhiza).

Über die Niederschläge und Kronenauswaschung/Stammablauf werden die zugeführten Nährelemente im Oberboden aufgefangen und direkt an die Pflanzenwurzeln weitergegeben. Ein weiterer Weg der Mineralstoffrückführung findet über die in den organischen Abfällen eingebundenen Nährstoffe statt.

10. Der Mensch im Ökosystem Regenwald

Die Ureinwohner Venezuelas spielen in diesem Ökosystem eine bedeutende Rolle. Zu den größten indigenen Gruppen Venezuelas gehören die Yanomami und die Yekuana. Sie leben im Süden Venezuelas im Quellgebiet des Orinoko-Flusses. Dieses Gebiet wurde im Jahre 1991 zum Orinoko-Casiquiare-Biosphären-Reservat erklärt. Es ist mit einer Größe von 83.000 Quadratkilometern das größte seiner Art.

Die Yanomami und Yekuana sind keineswegs nur Jäger und Sammler. Sie bauen auf verhältnismäßig kleinen Rodungsflächen eine frühreife, sehr stärkehaltige Sorte von Maniok (Yuca) an, die sie nach sieben bis neun Monaten ernten können. Auch Mais, Bataten (Süßkartoffeln), Yams und Plantainbananen (Bananengewächs) werden angebaut. In kleinen Hausgärten legen sie Beete mit Blumen, Kräutern, Tee, Tabak und heilenden Ranken oder Wurzeln an. Ungewöhnlich ist bei den Yanomami, daß sie im Gegensatz zu anderen indigenen Gesellschaften die Plantainbanane als ihre Hauptnahrung nutzen. Sie bildet 70% ihrer Nahrung. Gesammelt werden jegliche Arten genießbarer Früchte und Nüsse. Zudem bieten ihnen die Flüsse eine Vielzahl an Fischen.

Desweiteren nutzen die indigenen Gruppen Venezuelas eine Reihe verschiedenster Pflanzen als Medizin und für die Herstellung von Gebrauchsgegenständen. Letztere können z.b. Tragetaschen sein, die aus Faserpflanzen hergestellt werden. Das Potential an medizinischen Heilpflanzen scheint unerschöpflich zu sein.

Die Yanomami und Yekuana leben in traditioneller Weise im Einklang mit dem sie umgebenden Regenwald, seiner Artenvielfalt und seinen Rohstoffen. Sie werden jedoch durch den fortschreitenden Raubbau an den Tropen und das Vordringen der „weißen" Bevölkerung in immer entlegenere Gebiete verdrängt, so daß sie ihrer Lebensgrundlage beraubt werden.

11. Schlußbemerkung

Die ursprünglich großen Flächen tropischer Regenwälder sind heute nur noch in den wirtschaftlich uninteressanten oder nur schwer zugänglichen Gebieten übrig geblieben. Dies gilt auch für die venezolanischen Regenwälder. Durch Rodungen aus unterschiedlichsten Gründen wurden in den letzten 20 Jahren die Regenwälder auf über die Hälfte ihrer weltweiten Ausdehnung reduziert. Diese Waldzerstörung, deren Effektivität fraglich ist, wird auch in Zukunft weitergehen. Derzeit werden ca. 20 Mio. Hektar Wald pro Jahr gerodet. Mit jedem Baum, der gefällt wird, geht vielleicht ein Stück der biologischen Vielfalt verloren, mit jedem Hektar Wald, der gerodet wird, verliert nicht nur die indigene Bevölkerung ihre Lebensgrundlage. Jede weitere Million Hektar zerstörter Wald könnte weltweite Veränderungen zur Folge haben.

Literaturverzeichnis

Bremer, H. (1989): Das natürliche Potential im westlichen Amazonas-Gebiet und im südlichen Venezuela. In: Hartmann, G. (Hrsg.): Amazonien im Umbruch: Aktuelle Probleme und deutsche Forschungen im größten Regenwaldgebiet der Erde. Berlin, S. 43-55.

Chagnon, N.A.(1976): Yanomamo, the True People. In: Journ. National Geographic: August 1976. National Geographic Society, Washington D.C., S. 211-222.

Clapperton, C. (1993): Quaternary of the Alluvial Basins. Part 2: Fluvial Landforms and Sediments. In: Quaterly Geology and Geomorphology of South America. Elsevier, S. 163-166.

Dyk, J.V. (1995): The Amazon. In: Journ. National Geographic: February 1995, National Geographic Society, Washington D.C., S. 2-39.

George, U. (1988): Venezuela: Im Labyrinth der schwarzen Wasser. In: Journ. Geo: November 1988, Hamburg, S. 12-40.

George, U. (1990): Regenwald: Vorstoß in das tropische Universum. Hamburg, 380 S.

Grabert, H. (1991): Der Amazonas: Geschichte und Probleme eines Stromgebietes zwischen Pazifik und Atlantik. Berlin Heidelberg, 235 S.

Hueck, K. (1961): Die Wälder Venezuelas. In: Forstwissenschaftlichen Centralblatt, Heft 14, S. 7-34.

Hueck, K. (1966): Die Wälder Südamerikas: Ökologie, Zusammensetzung und wirtschaftliche Bedeutung. Jena, 422 S.

Hueck, K. und Seibert, P. (1981): Vegetationskarte von Südamerika. Stuttgart New York, 90 S.

Jordan, C.F. (1989): An Amazonian Rain Forest: The Structure and Function of a Nutrient Stressed Ecosystem and the Impact of Slash-and- Burn Agriculture. In: Man and the Biosphere Series, Volume 2. Unesco, 173 S.

Klinge, H. und Herrera, R. (1978): Biomass Studies in Amazon caatinga forest in southern Venezuela. In: Trop. Ecol. Vol.19, No.1, S. 93-109.

Klink, H.J. (1996): Vegetationsgeographie. Braunschweig, 240 S.

Müller- Hohenstein, K. (1981): Die Landschaftsgürtel der Erde. Stuttgart, S.51-79.

Reichholf, J.H. (1990): Der Tropische Regenwald: Die Ökobiologie des artenreichsten Naturraums der Erde. München, 205 S.

Richards, P.W. (1996): The tropical rain forest: an ecological study. Cambridge University Press, 575 S.

Scholz, U. (1991): Tropischer Regenwald als Ökosystem. In: Giessener Beiträge zur Entwicklungsforschung. Reihe 1, Band 19. Tropeninstitut Giessen, 157 S.

Schwerdtfeger, W. (1976): Climates of Central and South America. In: World Survey of Climatology Volume 12. Elsevier, S. 326-358.

Vareschi, V. (1980): Vegetationsökologie der Tropen. Stuttgart, S. 5-155.

Walter, H. (1973): Vegetationszonen und Klima. Kurze Darstellung in kausaler und globaler Sicht. Stuttgart, S. 5-67.

Walter, H. und Breckle, S.W. (1991): Beispiel eines Vegetationsmosaiks in den Tropen: Venezuela. In: Ökologie der Erde. Band 1: Ökologische Grundlagen in globaler Sicht. Stuttgart, S. 199-216.

Walter, H. und Breckle, S.W. (1984): Ökologie der Erde. Band 2: Spezielle Ökologie der tropischen und subtropischen Zonen. Stuttgart, S. 1-105.

Weischet, W. (1996): Regionale Klimatologie. Teil 1. Die Neue Welt: Amerika, Neuseeland, Australien. Stuttgart, S. 349-400.

Whitmore, T.C. (1993): Tropische Regenwälder: Eine Einführung. Heidelberg, Berlin, New York, 275 S.

BEI GRIN MACHT SICH IHR WISSEN BEZAHLT

- Wir veröffentlichen Ihre Hausarbeit,
  Bachelor- und Masterarbeit

- Ihr eigenes eBook und Buch -
  weltweit in allen wichtigen Shops

- Verdienen Sie an jedem Verkauf

Jetzt bei www.GRIN.com hochladen und kostenlos publizieren